西南地区建筑标准设计参考图集

FQY结构自防水建筑构造

西南18J/C305

西南地区建筑标准设计协作领导小组
四川西南建标科技发展有限公司　　组编

西南交通大学出版社
·成　都·

图书在版编目（ＣＩＰ）数据

FQY 结构自防水建筑构造／西南地区建筑标准设计协作领导小组，四川西南建标科技发展有限公司组编. —成都：西南交通大学出版社，2018.6（2019.3 重印）

（西南地区建筑标准设计参考图集）

ISBN 978-7-5643-6268-3

Ⅰ . ①F… Ⅱ . ①西… ②四… Ⅲ . ①防水 – 建筑结构 – 图集 Ⅳ . ①TU352.4-64

中国版本图书馆 CIP 数据核字（2018）第 142363 号

责 任 编 辑　姜锡伟
助 理 编 辑　王同晓
封 面 设 计　曹天擎

FQY 结构自防水建筑构造

西南地区建筑标准设计协作领导小组
四川西南建标科技发展有限公司　组编

出 版 发 行	西南交通大学出版社 （四川省成都市二环路北一段 111 号 西南交通大学创新大厦 21 楼）
发 行 部 电 话	028-87600564　028-87600533
邮 政 编 码	610031
网　　　址	http://www.xnjdcbs.com
印　　　刷	四川煤田地质制图印刷厂
成 品 尺 寸	260 mm×185 mm
印　　　张	1.5
字　　　数	38 千
版　　　次	2018 年 6 月第 1 版
印　　　次	2019 年 3 月第 2 次
书　　　号	ISBN 978-7-5643-6268-3
定　　　价	15.00 元

FQY结构自防水建筑构造

主编单位负责人：陶磊

主编单位技术负责人：

技术审定人：

设计负责人：

西南18J/C305

实施日期：2018年7月1日—2021年6月30日

主编单位：成都市建筑设计研究院

协编单位：武汉三源特种建材有限责任公司

目　录

说 明

1 适用范围

1.1 本图集适用于西南地区新建、改（扩）建的民用建筑和一般工业建筑中具有防水要求的混凝土建筑物和构筑物（如水池等）。

1.2 本图集适用于西南地区抗震设防烈度不大于8度的民用建筑和一般工业建筑。

2 设计依据

《水泥基渗透结晶型防水材料》 GB 18445—2012；

《混凝土结构设计规范》GB 50010—2010；

《地下工程防水技术规范》GB 50108—2008；

《混凝土结构工程施工质量验收规范》GB 50204—2015；

《地下防水工程质量验收规范》GB 50208—2011；

《大体积混凝土施工规范》GB 50496—2009；

《混凝土膨胀剂》GB/T 23439—2009；

《聚合物水泥防水涂料》 GB/T 23445—2009；

《聚合物水泥防水砂浆》 JC/T 984—2011；

《种植屋面工程技术规程》JGJ 155—2013；

《补偿收缩混凝土应用技术规程》 JGJ/T 178—2009；

《混凝土用氧化镁膨胀剂》CBMF 19—2017；

注：当依据的技术标准修订或有新技术标准实施时，如图集中有与现行标准不符的内容，或有限制或淘汰的技术及产品，则图集内容视为无效。在参考使用本图集时，应加以区分，并应对图集相关内容进行审核，调整后选用。

3 防水材料说明及特征

3.1 本图集编制了FQY防水混凝土与水泥基渗透结晶型防水涂料、聚合物水泥防水涂料和聚合物水泥防水砂浆等组成的防水系统，在地下建筑物和构筑物的防水做法和构造详图。

3.2 本图集根据地下建筑防水等级和设防要求，按地下建筑的底板、侧墙、顶板（普通顶板和种植顶板）及水池等部位，编制了对应的防水构造做法。设计可根据图集提供的防水材料直接引用相关的防水做法和构造，也可自行选用其他满足规范要求的防水材料，参照图集构造选用。

3.3 FQY防水混凝土外加剂的主要特征见表1。

表1　外加剂主要特征

材料名称	简 称	使用部位	主要特征	适用条件
FQY氧化镁膨胀剂	FQY膨胀剂	地下建筑侧墙、底板、顶板等部位及地下构筑物的防水混凝土部分	膨胀性能可调控、可持续有效补偿收缩，提高混凝土耐久性	一、二级防水
FQY钙质高性能膨胀剂	FQY膨胀剂		提高混凝土密实度，满足补偿混凝土收缩一般要求	

3.4 防水层材料的主要特征见表2。

表2 TU系列防水材料主要特征

材料名称	使用部位	主要特征
TU-JS聚合物水泥防水涂料	结构迎水面	柔韧性好，防水性能高，易涂刷
TU-TJ水泥基渗透结晶型防水涂料	迎水面，背水面，坡面，异形面	耐老化，粘结力强，自愈性能好，耐侵蚀
TU-JF聚合物水泥防水砂浆	迎水面，背水面，坡面，异形面	粘结强度高，防水防渗、耐腐蚀、抗氯离子渗透、耐磨耐老化

3.5 防水混凝土的设计抗渗等级，应符合表3的规定。

表3 防水混凝土设计抗渗等级

工程埋置深度H/m	设计抗渗等级
H＜10	P6
10≤H＜20	P8
20≤H＜30	P10
H≥30	P12

4 防水材料的组成和性能

4.1 FQY氧化镁膨胀剂。

4.1.1 FQY氧化镁膨胀剂是一种在混凝土制备搅拌过程中加入，使混凝土具备一定的持续微膨胀，能够改善抗裂性能的外加剂。

4.1.2 FQY氧化镁膨胀剂的特点：

　　1）膨胀性能可设计和调控，膨胀率符合表4的要求，能补偿混凝土收缩。

　　2）配置防水混凝土，提高混凝土密实度，补偿混凝土收缩，防止混凝土的裂缝，提高混凝土的防水性能。

　　3）对于超长结构混凝土，配置的防水混凝土可实现一次性浇筑，简化施工工序，缩短工期。

4.1.3 FQY氧化镁膨胀剂的性能指标见表4。

表4 FQY氧化镁膨胀剂性能指标

项目		要求		
		R型	M型	S型
MgO含量/%		≥80.0		
烧失量/%		≤4.0		
含水率/%		≤0.3		
反应时间/s		＜100	≥100且＜200	≥200且＜300
细度/%	80 μm方孔筛余	≤5.0		
	1.18 mm方孔筛余	≤0.5		
限制膨胀率/%	20 ℃水中7 d	≥0.020	≥0.015	≥0.015
	20 ℃水中，△ε	≥0.020	≥0.015	≥0.010
	40 ℃水中7 d	≥0.040	≥0.030	≥0.020
	40 ℃水中，△ε	≥0.020	≥0.030	≥0.040
凝结时间/min	初凝	≥45		
	终凝	≤600		
抗压强度/MPa	7 d	≥22.5		
	28 d	≥42.5		

4.1.4 使用方法。

　　1）应用FQY氧化镁膨胀剂的混凝土，其搅拌、浇筑、养护、防水节点及施工缺陷处理，均按行业标准《补偿收缩混凝土应用技术规程》JGJ/T 178—2009和国家标准《混凝土质量控制标准》GB 50164—2011执行。

2) 具体产品掺量结合实际工程所用原材料，经混凝土配合比试验后确定。

4.2 FQY钙质高性能膨胀剂。

4.2.1 FQY钙质高性能膨胀剂是与水泥、水拌合后经水化反应生成钙矾石和氢氧化钙，使混凝土产生体积膨胀的外加剂，用来有效补偿混凝土的收缩，提高混凝土抗裂防渗性能。

4.2.2 FQY钙质高性能膨胀剂的特点：

1) 膨胀性能优异，膨胀率符合国家《混凝土膨胀剂》GB/T 23439—2009中Ⅱ型的要求，能补偿混凝土收缩。

2) 配置防水混凝土，提高混凝土密实度，补偿混凝土收缩，防止混凝土的裂缝，提高混凝土的防水性能。

3) 对于超长结构混凝土，配置的防水混凝土可实现一次性浇筑，简化施工工序，缩短工期。

4.2.3 FQY钙质高性能膨胀剂的性能指标见表5。

表5　FQY钙质高性能膨胀剂的性能指标

项 目		指 标
细度	比表面积/(m²/kg)	≥200
	1.18 mm筛筛余/%	≤0.5
凝结时间	初凝/min	≥45
	终凝/min	≤600
限制膨胀率	水中7 d/%	≥0.050
	水中7 d转空气中21 d/%	≥-0.010

注：执行国家标准《混凝土膨胀剂》GB/T 23439—2009

4.2.4 使用方法。

1) 应用FQY钙质高性能膨胀剂的混凝土，应按照行业标准《补偿收缩混凝土应用技术规程》JGJ/T 178—2009和国家标准《混凝土外加剂应用技术规范》GB 50119—2013进行设计和施工。

2) 具体产品掺量结合实际工程所用原材料，经混凝土配合比试验后确定。

4.3 TU-JS聚合物水泥防水涂料

4.3.1 TU-JS聚合物水泥防水涂料是由高分子有机液料和无机粉料复合而成的双组分防水涂料，综合有机材料的柔性和无机涂膜材料的耐久性等特点，涂覆后可形成刚柔相济的防水涂膜。

4.3.2 TU-JS聚合物水泥防水涂料的特点：

1) 水性涂料，无毒无害无污染，属环保型产品，可用于饮用水工程。

2) 涂膜抗拉强度高，与基层具有良好粘结性，对基面适应性强，可在潮湿基面施工作业，耐水性、耐久性好。

3) 施工方便，可任意选用刷涂、滚涂或喷涂的方法进行施工，施工效率高。

4.3.3 TU-JS聚合物水泥防水涂料的性能指标见表6。

4.4 TU-TJ水泥基渗透结晶型防水涂料

4.4.1 TU-TJ水泥基渗透结晶型防水涂料是以硅酸盐水泥、石英砂为主要成分，掺入一定量活性化学物质制成的粉状材料，经与水混合发生化学反应后，材料中含有的活性化学物质以水为载体，渗透到混凝土结构内部孔缝中，在混凝土中形成不溶于水的结晶体，填塞毛细孔道，从而使混凝土结构致密，起到整体持久的防水效果。

表6 TU-JS聚合物水泥防水涂料的性能指标

项　目		指　标
固体含量/%		≥70
拉伸强度	无处理/MPa	≥1.8
	加热后处理保持率/%	≥80
	碱处理后保持率/%	≥70
	浸水处理后保持率/%	≥70
	紫外线处理后保持率/%	—
断裂伸长率	无处理/%	≥80
	加热处理/%	≥65
	碱处理/%	≥65
	浸水处理/%	≥65
	紫外线处理/%	—
低温柔性(ϕ 10 mm棒)		—
粘结强度	无处理/MPa	≥0.7
	潮湿基层/MPa	≥0.7
	碱处理/MPa	≥0.7
	浸水处理/MPa	≥0.7
不透水性（0.3 MPa，30 min）		不透水
抗渗性（砂浆背水面）/MPa		≥0.6

注：1. TU-JS聚合物水泥防水涂料Ⅱ型产品；
　　2. 执行国家标准《聚合物水泥防水涂料》GB/T 23445—2009

4.4.2 TU-TJ水泥基渗透结晶型防水涂料的特点：
　　1) 渗透深度大、耐老化、自愈性能好，与混凝土结合度高。
　　2) 粘结力强，在结构背水面或迎水面都不影响效果。
　　3) 可在潮湿基层上施工，混凝土表面无需找平，施工方便。

4.4.3 TU-TJ水泥基渗透结晶型防水涂料的性能指标见表7。

4.5 TU-JF聚合物水泥防水砂浆

4.5.1 TU-JF聚合物水泥防水砂浆是以水泥、骨料为主要成分，以聚合物乳液或可再分散乳胶粉为改性剂，添加适量助剂混合制成的防水砂浆。

4.5.2 TU-JF聚合物水泥防水砂浆的特点：
　　1) 结构致密，透气不透水。
　　2) 强度高、硬化期短、施工快、工期短，省去了额外的保护找平层，减少了基层的荷载。
　　3) 粘结力好、体积稳定、低收缩性、防止龟裂、抗渗透性强，长期耐水。
　　4) 地下工程施工后可直接用砂土回填，无需保护墙，可直接在防水砂浆面层粘贴瓷砖、马赛克和装饰面板，可在潮湿基面（面层没有明水）上施工。
　　5) 加水即用，施工简单快捷、质量稳定，具有良好的耐老化性能，持久防水。抗渗能力强，能长期抵御高水压。

4.5.3 TU-JF聚合物水泥防水砂浆的性能指标见表8。

表7 TU-TJ水泥基渗透结晶型防水涂料的性能指标

项 目		指 标
外 观		均匀、无结块
含水率/%		≤1.5
细度，0.63 mm筛余/%		≤5
氯离子含量/%		≤0.10
施工性	加水搅拌后	刮涂无障碍
	20 min	刮涂无障碍
抗折强度（MPa，28 d）		≥2.8
抗压强度（MPa，28 d）		≥15.0
湿基面粘结强度（MPa，28 d）		≥1.0
砂浆抗渗性能	带涂层砂浆的抗渗压力（MPa，28 d）	报告实测值
	抗渗压力比（带涂层）（%，28 d）	≥250
	去涂层砂浆的抗渗压力（MPa，28 d）	报告实测值
	抗渗压力比（去涂层）（%，28 d）	≥175
混凝土抗渗性能	带涂层混凝土的抗渗压力（MPa，28 d）	报告实测值
	抗渗压力比（带涂层）（%，28 d）	≥250
	去除涂层混凝土的抗渗压（MPa，28 d）	报告实测值
	抗渗压力比（去涂层）（%，28 d）	≥175
	带涂层混凝土的第二次抗渗压力（MPa，56 d）	≥0.8

注：执行国家标准《水泥基渗透结晶型防水材料》GB 18445—2012

表8 TU-JF聚合物水泥防水砂浆的性能指标

项 目			指 标
凝结时间	初凝/min		≥45
	终凝/h		≤24
抗渗压力/MPa	涂层试件	7 d	≥0.5
	砂浆试件	7 d	≥1.0
		28 d	≥1.5
抗压强度/MPa			≥24.0
抗折强度/MPa			≥8.0
柔韧性（横向变形能力）/mm			≥1.0
粘结强度/MPa	7 d		≥1.0
	28 d		≥1.2
耐碱性			无开裂、剥落
耐热性			无开裂、剥落
抗冻性			无开裂、剥落
收缩率/%			≤0.15
吸水率/%			≤4.0

注：执行行业标准《聚合物水泥防水砂浆》JC/T 984—2011

5 设计要点

5.1 地下建筑防水一般要求

5.1.1 地下建筑防水设计应符合现行国家标准《地下工程防水技术规范》GB 50108相关要求。

5.1.2 地下建筑的防水设计，应根据地质勘查资料提供的防水水位确定。单建式的地下建筑，宜采用全封闭、部分封闭的防排水设计；附建式的全地下或半地下建筑的防水设防高度，应高出室外地面标高500 mm以上。

5.1.3 地下建筑防水设计，应包括下列内容：

1) 防水等级和设防要求；

2) 防水混凝土的抗渗等级和其他技术指标、质量保证措施；

3) 防水层选用的材料及其技术指标、质量保证措施；

4) 细部构造的防水措施，选用的材料及其技术指标、质量保证措施；

5) 防排水系统、地面挡水、截水系统及工程各种洞口的防倒灌措施。

5.1.4 地下建筑迎水面主体结构应采用防水混凝土，并应根据防水等级的要求采取其他防水措施。

5.1.5 地下建筑的防水设防要求应根据使用功能、使用年限、水文地质、结构形式、环境条件、施工方法及材料性能等因素确定。

5.1.6 地下建筑的变形缝（诱导缝）、施工缝、后浇带、穿墙管（盒）、预埋件、预留通道接头、桩头等细部构造，应有可靠的防水措施。

5.1.7 地下建筑中的排水管沟、地漏、出入口、窗井、风井等，应有防倒灌措施。

5.2 地下建筑混凝土结构主体防水

5.2.1 地下建筑刚性防水以防水混凝土为结构主体防水，防水混凝土应满足下列要求：

1) 可通过调整配合比或掺加外加剂、掺合料等措施配制，其抗渗等级不得小于P6。

2) 防水混凝土的施工配合比应通过试验确定，试配混凝土的抗渗等级应比设计要求提高0.2 MPa。

3) 防水混凝土应满足抗渗等级要求，并应根据地下工程所处的环境和工作条件，满足抗压、抗冻和抗侵蚀性等耐久性要求。

4) 防水混凝土的环境温度不得高于80 ℃；处于侵蚀性介质中的防水混凝土的耐侵蚀要求应根据介质的性质按有关标准执行。

5) 防水混凝土结构底板的混凝土垫层，强度等级不应小于C15，厚度不应小于100 mm，在软弱土层中不应小于150 mm。

5.2.2 防水混凝土结构，其结构尺寸、裂缝宽度及钢筋保护层厚度等均应符合相关国家规范的规定：

1) 结构厚度不应小于250 mm；

2) 裂缝宽度不得大于0.2 mm，并不得贯通；

3) 钢筋保护层厚度应根据结构的耐久性和工程环境选用，迎水面钢筋保护层厚度不应小于50 mm。

5.2.3 防水混凝土中添加外加剂的掺量以实际工程的试配结果为准，其强度、抗渗等级、限制膨胀率和耐久性等指标应满足设计的要求。

5.3 地下建筑混凝土结构外防水要求

5.3.1 根据《地下工程防水技术规范》GB 50108—2008相关要求，TU-TJ水泥基渗透结晶型防水涂料厚度不小于1.0 mm；TU-JS聚合物水泥防水涂料厚度不小于1.2 mm；TU-JF聚合物水泥防水砂浆单层施工厚度不小于6 mm，双层施工厚度不小于10 mm，用于一级防水时，宜采用双层施工，用于二级防水时，宜采用单层施工。

5.3.2 涂料防水层上常用20 mm厚1：2.5~3水泥砂浆或40~50 mm厚细石混凝土保护层。

5.3.3 顶板上细石混凝土保护层厚度：当采用人工回填土时，厚度≥50 mm；采用机械碾压回填土时，厚度≥70 mm。

6 施工要点

6.1 地下工程施工应符合现行国家相关标准规范的要求。

6.2 防水混凝土拌合物在运输后如出现离析，必须进行二次搅拌。当坍落度损失后不能满足施工要求时，应加入原水胶比的水泥浆或掺加同品种的减水剂进行搅拌，严禁直接加水。

6.3 材料的主要性能和使用方法应满足表9的要求。

6.4 TU系列防水层施工环境温度不低于5 ℃，且基层表面温度应0 ℃以上。不宜在雨雪天气和风力5级以上情况下施工。

6.5 基层要求：

6.5.1 基层应平整、坚固、洁净，不起皮、不起砂、不酥松。

6.5.2 首先将凸出基面的混凝土剔平，将松动的石子除掉，当基层有裂缝、麻面、孔洞时应局部找平处理。

6.5.3 对于基层的油污、浮灰、脱模剂先进行清洗；对于干燥且具有很高吸水率的表面，应先用水润湿。

6.6 防水混凝土施工要点：

6.6.1 施工前准备：根据现场施工进度提前协调好产品发货量和试

验器械等。

表9　主要性能和使用方法

材料名称	使用方法
FQY氧化镁膨胀剂	混凝土要依次振捣密实，养护不小于14天
FQY钙质高性能膨胀剂	混凝土要依次振捣密实，养护不小于14天
TU-JS聚合物水泥防水涂料	按比例配制，搅拌至均匀细微、不含团粒即可
TU-TJ水泥基渗透结晶型防水涂料	按比例混合搅拌5 min均匀，用量不应小于1.5 kg/m²
TU-JF聚合物水泥防水砂浆	按比例配制，搅拌至均匀细微、不含团粒即可

6.6.2 施工控制：混凝土质量控制、分层浇筑、振捣密实、拆模和养护等控制点按现行行业标准《补偿收缩混凝土应用技术规程》JGJ/T 178执行，现场取样成型留底。

6.6.3 温度监测：控制混凝土入模温度，监控混凝土结构内部温度变化。

6.6.4 异常情况处理：对施工冷缝、顶板上荷过早、提前回填土、提前停止降水、质量缺陷等异常情况应及时反馈和处理。

6.6.5 补偿收缩混凝土在保证养护措施完善的前提下，才能发挥产品效能，提高混凝土抗裂、抗渗能力，因此，混凝土的养护应设专人负责，在施工过程中，针对不同的建筑部位，采用不同的养护方法。

6.6.6 大面积施工TU-JS聚合物水泥防水涂料时，应进行多遍涂刷，后道涂覆应在前道涂层实干后进行，两道间隔时间为6～8 h，每层涂覆厚度应达到（0.5±0.1）mm，不宜过厚。相邻两遍涂刷方向应相互垂直。

6.6.7 TU-TJ水泥基渗透结晶型防水层施工时，用涂刷工具均匀地分层涂刷于混凝土基层上，涂刷应待前遍涂层干燥成膜后进行，不得漏刷漏涂，该防水层需要保证18～24 h的湿养护，保持其表面处于湿润状态。待养护完毕后方可进行下一道工序。

6.6.8 将TU-JF聚合物水泥防水砂浆均匀地涂抹在基面上，涂抹时应压实、抹平，达到设计要求厚度，最后一次表面应提浆压光。施工完成后应洒水养护。

6.7 施工缝的施工应符合下列规定：

6.7.1 水平施工缝浇筑混凝土前，应将其表面浮浆和杂物清除，然后铺设净浆或涂刷混凝土界面处理剂、水泥基渗透结晶型防水涂料等材料，再铺30～50 mm厚的1：1水泥砂浆，并应及时浇筑混凝土；

6.7.2 垂直施工缝浇筑混凝土前，应将其表面清理干净，再涂刷混凝土界面处理剂或水泥基渗透结晶型防水涂料，并应及时浇筑混凝土。

7 其他

7.1 其他未详细说明处，均应符合国家、行业及地方现行设计、施工和验收规范的规定。

7.2 本图集详图索引方法：

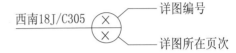

7.3 本图集所注尺寸除注明外，均以毫米（mm）为单位。

7.4 本图集是以武汉三源特种建材有限责任公司提供的产品技术资料编制而成。其产品性能、质量、技术参数等应符合国家相关规范、标准。该公司对所提供的产品技术资料负技术和法律责任。

7.5 因国家规范、标准、规程在不断调整更新，设计使用单位在选用本图集时应做相应调整。本图集有效期三年。

7.6 本图集供使用者作技术参考,未尽事宜均应按国家现行有关规范、规定办理。

编号	部位	防水等级	构造简图	构造做法	备注
①	地下室底板	一、二级		1—覆土或面层按工程设计； 2—FQY防水混凝土底板； 3—防水层（TU-TJ水泥基渗透结晶型防水涂料或TU-JS聚合物水泥防水涂料或TU-JF聚合物水泥防水砂浆）； 4—100（150）厚C15混凝土垫层； 5—素土夯实	1—处于软弱土层时，底板混凝土垫层厚度不应小于150 mm
②	地下室底板	一、二级		1—覆土或面层按工程设计； 2—防水层（TU-TJ水泥基渗透结晶型防水涂料或TU-JF聚合物水泥防水砂浆）； 3—FQY防水混凝土底板； 4—100（150）厚C15混凝土垫层； 5—素土夯实	1—处于软弱土层时，底板混凝土垫层厚度不应小于150 mm
③	地下室侧墙	一、二级		1—FQY防水混凝土侧墙； 2—防水层（TU-TJ水泥基渗透结晶型防水涂料或TU-JS聚合物水泥防水涂料或TU-JF聚合物水泥防水砂浆）； 3—保护层或保温层，见具体工程设计； 4—回填土夯实	保护层或按工程设计

注：1.选用TU-JS聚合物水泥防水涂料或TU-JF聚合物水泥防水砂浆做找平层时
可根据垫层的平整程度或防水材料的特性取舍。TU-TJ水泥基渗透结晶型
防水涂料不设找平层、保护层。
2.顶板、侧墙厚度及混凝土等级由单体设计确定。

地下室防水（一）

编号	部位	防水等级	构造简图	构造做法	备注
④	地下室侧墙	一、二级	外 内 4 3 2 1	1—防水层（TU-TJ水泥基渗透结晶型防水涂料或TU-JF聚合物水泥防水砂浆）； 2—FQY防水混凝土侧墙； 3—保护层或保温层，见具体工程设计； 4—回填土夯实	保护层或按工程设计
⑤	地下室顶板	一、二级	1 2 3	1—覆土或面层按工程设计； 2—防水层（TU-TJ水泥基渗透结晶型防水涂料或TU-JS聚合物水泥防水涂料或TU-JF聚合物水泥防水砂浆）； 3—FQY防水混凝土顶板	
⑥	地下室顶板	一、二级	1 2 3	1—覆土或面层按工程设计； 2—FQY防水混凝土顶板； 3—防水层（TU-TJ水泥基渗透结晶型防水涂料或TU-JF聚合物水泥防水砂浆）	
⑦	地下室种植顶板	一级	1 2 3 4 5 6 7	1—覆土或面层按工程设计； 2—隔离层； 3—耐根穿刺防水层； 4—20厚1：3水泥砂浆找平层； 5—找坡层； 6—防水层（TU-TJ水泥基渗透结晶型防水涂料）； 7—FQY防水混凝土顶板	

注：1.选用TU-JS聚合物水泥防水涂料或TU-JF聚合物水泥防水砂浆做找平层时可根据垫层的平整程度或防水材料的特性取舍。TU-TJ水泥基渗透结晶型防水涂料不设找平层、保护层。
　　2.顶板、侧墙厚度及混凝土等级由单体设计确定。

地下室防水（二）

编号	名称	构造简图	构造做法	备注
⑧	暗挖法隧道		1—初期支护结构（喷射混凝土，厚度设计选定）； 2—二次衬砌FQY防水混凝土； 3—防水层（TU-TJ水泥基渗透结晶型防水涂料或TU-JF聚合物水泥防水砂浆）； 4—面层见具体工程设计	3—背水面防水层，防水层转折长度250
⑨	明挖法隧道	顶板 侧墙 底板	**顶板** 1—面层见具体工程设计； 2—防水层（TU-TJ水泥基渗透结晶型防水涂料或TU-JS聚合物水泥防水涂料或TU-JF聚合物水泥防水砂浆）； 3—FQY防水混凝土顶板 **侧墙** 1—支护结构； 2—防水层（TU-TJ水泥基渗透结晶型防水涂料或TU-JS聚合物水泥防水涂料或TU-JF聚合物水泥防水砂浆）； 3—FQY防水混凝土侧墙 **底板** 1—FQY防水混凝土底板； 2—防水层（TU-TJ水泥基渗透结晶型防水涂料或TU-JS聚合物水泥防水涂料或TU-JF聚合物水泥防水砂浆）； 3—150厚C15细石混凝土垫层； 4—基坑土层	2—迎水面防水层，防水层转折长度250

注：1.选用TU-JS聚合物水泥防水涂料或TU-JF聚合物水泥防水砂浆做找平层时可根据垫层的平整程度或防水材料的特性取舍。TU-TJ水泥基渗透结晶型防水涂料不设找平层、保护层。
2.隧道、地铁车站等的防水做法尚应符合有关行业技术标准的规定。
3.顶板、侧墙厚度及混凝土等级由单体设计确定。

隧道防水

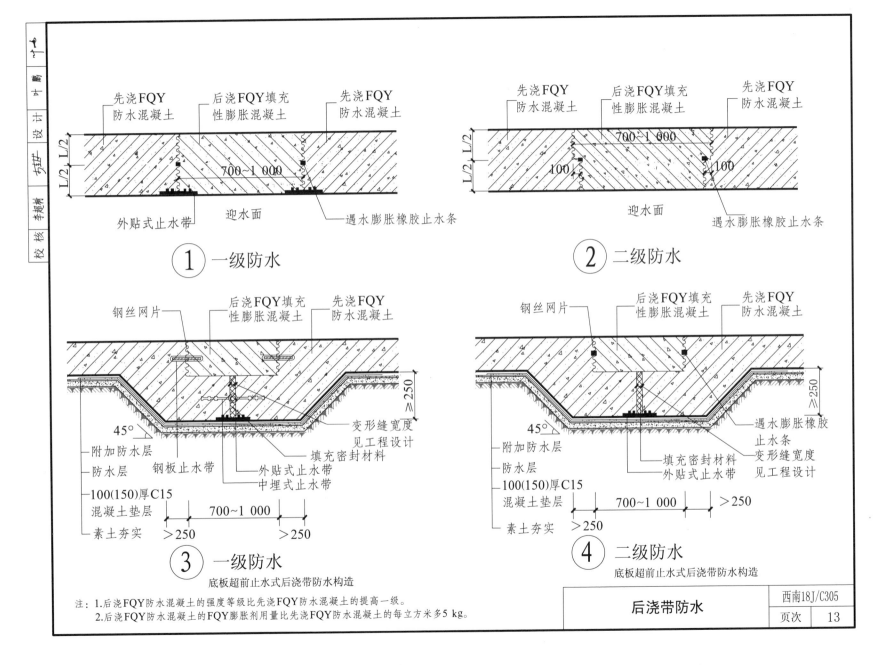

① 一级防水

先浇FQY防水混凝土　后浇FQY填充性膨胀混凝土　先浇FQY防水混凝土

L/2 L/2

700~1 000

外贴式止水带　迎水面　遇水膨胀橡胶止水条

② 二级防水

先浇FQY防水混凝土　后浇FQY填充性膨胀混凝土　先浇FQY防水混凝土

L/2 L/2

700~1 000

100　100

迎水面　遇水膨胀橡胶止水条

③ 一级防水

底板超前止水式后浇带防水构造

钢丝网片　后浇FQY填充性膨胀混凝土　先浇FQY防水混凝土

≥250

45°

变形缝宽度见工程设计

附加防水层

防水层

钢板止水带

外贴式止水带

中埋式止水带

填充密封材料

100(150)厚C15混凝土垫层

700~1 000

素土夯实　>250　>250

④ 二级防水

底板超前止水式后浇带防水构造

钢丝网片　后浇FQY填充性膨胀混凝土　先浇FQY防水混凝土

≥250

45°

遇水膨胀橡胶止水条

变形缝宽度见工程设计

附加防水层

防水层

填充密封材料

外贴式止水带

100(150)厚C15混凝土垫层

700~1 000　>250

素土夯实　>250

注：1. 后浇FQY防水混凝土的强度等级比先浇FQY防水混凝土的提高一级。
　　2. 后浇FQY防水混凝土的FQY膨胀剂用量比先浇FQY防水混凝土的每立方米多5 kg。

后浇带防水

西南18J/C305

页次　13

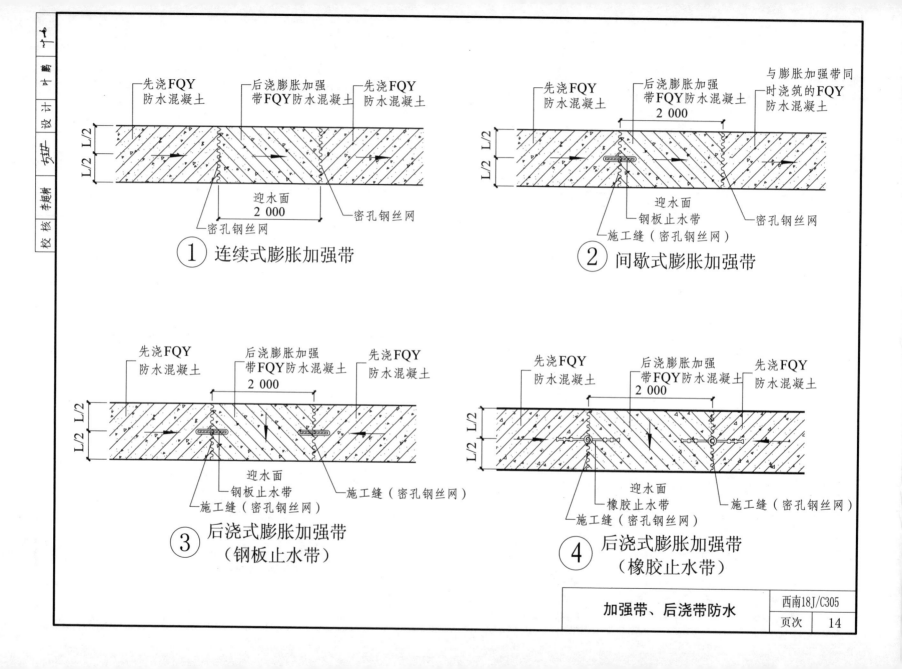

① 连续式膨胀加强带

② 间歇式膨胀加强带

③ 后浇式膨胀加强带
（钢板止水带）

④ 后浇式膨胀加强带
（橡胶止水带）

加强带、后浇带防水

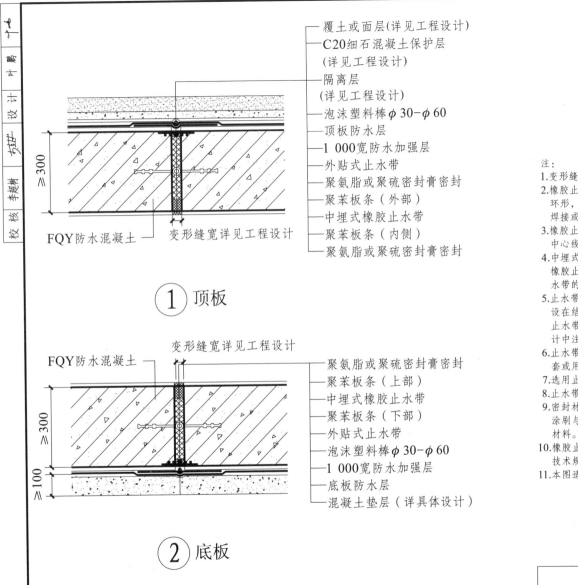

①顶板

②底板

注：
1.变形缝处混凝土结构的厚度不应小于300 mm。
2.橡胶止水带应能按单体工程设计的实际长度在工厂预制成
　环形，如特殊情况必须接头，根据材质采用相应办法（如
　焊接或溶接法）接牢。
3.橡胶止水带必须埋设准确，其中间空心圆环应与变形缝的
　中心线重合。
4.中埋式止水带在转弯处应做成圆弧形，橡胶止水带，钢边
　橡胶止水带的转角半径应不小于200 mm，转角半径应随止
　水带的宽度增大而相应加大。
5.止水带的接缝宜为一处，且应设在边墙较高位置上，不得
　设在结构转角处。接头宜采用热压焊接。采用橡胶、金属
　止水带时，其型号根据条件按单体工程设计，并在具体设
　计中注明。
6.在浇筑混凝土前，必须妥善固定宜采用专用的钢筋
　套或用扁钢固定，以防止位移。
7.选用止水带的空心圆环直径应与变形缝宽度相同。
8.止水带设置应与结构专业结合避免与钢筋交叉。
9.密封材料施工时，缝内两侧基面应平整干净、干燥，并应
　涂刷与密封材料相容的基层处理剂。并应在底部设置背衬
　材料。
10.橡胶止水带的物理性能应满足现行国家标准《地下工程防水
　技术规范》GB50108—2008中第5.1.8条规定。
11.本图适用于一、二级防水等级。

变形缝防水（一）

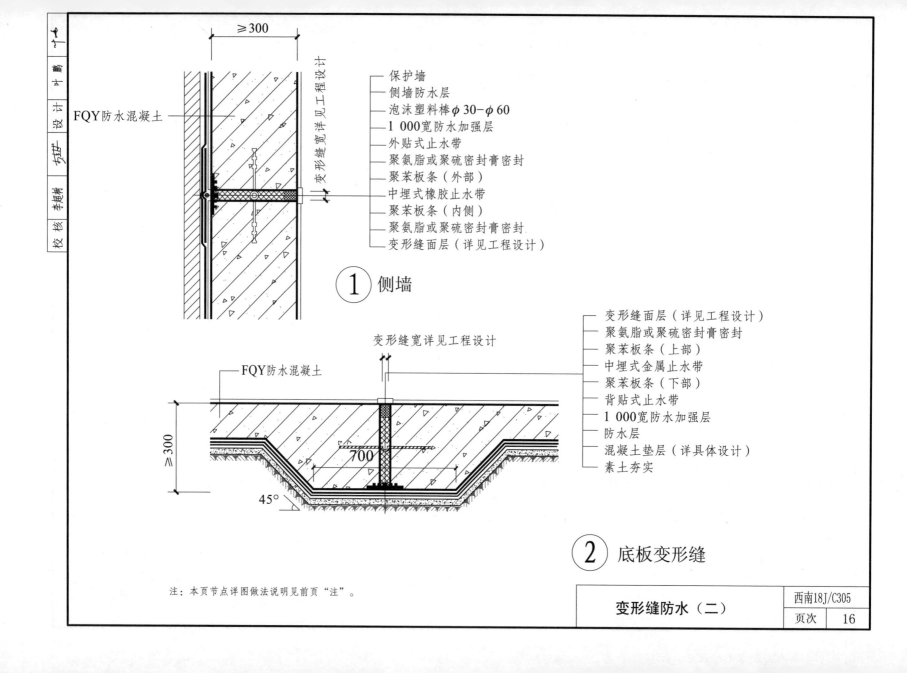

FQY防水混凝土

≥300

变形缝宽详见工程设计

保护墙
侧墙防水层
泡沫塑料棒φ30-φ60
1 000宽防水加强层
外贴式止水带
聚氨脂或聚硫密封膏密封
聚苯板条（外部）
中埋式橡胶止水带
聚苯板条（内侧）
聚氨脂或聚硫密封膏密封
变形缝面层（详见工程设计）

① 侧墙

变形缝宽详见工程设计

FQY防水混凝土

≥300

700

45°

变形缝面层（详见工程设计）
聚氨脂或聚硫密封膏密封
聚苯板条（上部）
中埋式金属止水带
聚苯板条（下部）
背贴式止水带
1 000宽防水加强层
防水层
混凝土垫层（详具体设计）
素土夯实

② 底板变形缝

注：本页节点详图做法说明见前页"注"。

变形缝防水（二）

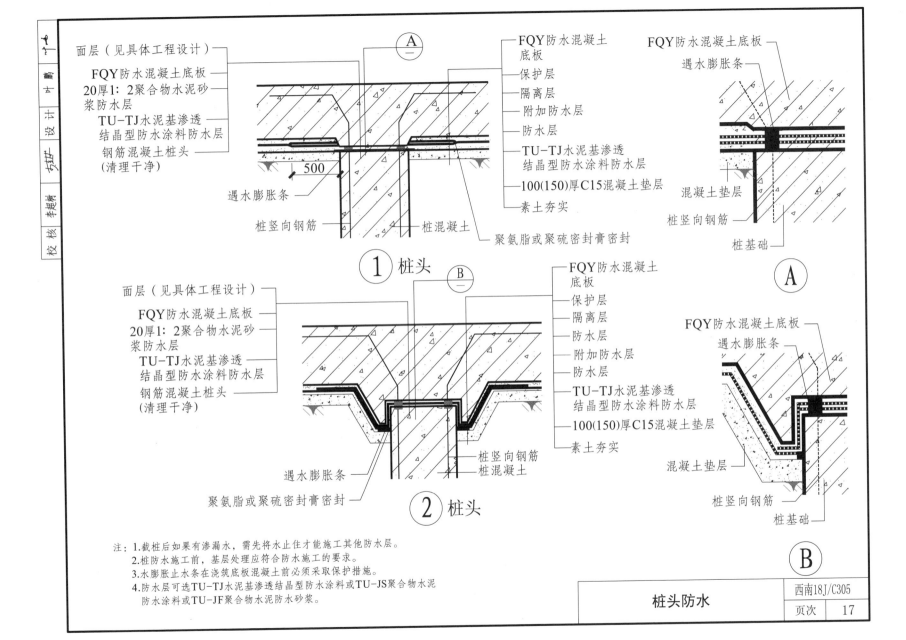

面层（见具体工程设计）
FQY防水混凝土底板
20厚1：2聚合物水泥砂浆防水层
TU-TJ水泥基渗透结晶型防水涂料防水层
钢筋混凝土桩头（清理干净）

FQY防水混凝土底板
保护层
隔离层
附加防水层
防水层
TU-TJ水泥基渗透结晶型防水涂料防水层
100(150)厚C15混凝土垫层
素土夯实

遇水膨胀条
桩竖向钢筋
桩混凝土
聚氨脂或聚硫密封膏密封

500

① 桩头

FQY防水混凝土底板
遇水膨胀条
混凝土垫层
桩竖向钢筋
桩基础

Ⓐ

面层（见具体工程设计）
FQY防水混凝土底板
20厚1：2聚合物水泥砂浆防水层
TU-TJ水泥基渗透结晶型防水涂料防水层
钢筋混凝土桩头（清理干净）

FQY防水混凝土底板
保护层
隔离层
防水层
附加防水层
防水层
TU-TJ水泥基渗透结晶型防水涂料防水层
100(150)厚C15混凝土垫层
素土夯实

遇水膨胀条
聚氨脂或聚硫密封膏密封
桩竖向钢筋
桩混凝土

② 桩头

FQY防水混凝土底板
遇水膨胀条
混凝土垫层
桩竖向钢筋
桩基础

Ⓑ

注：1.截桩后如果有渗漏水，需先将水止住才能施工其他防水层。
　　2.桩防水施工前，基层处理应符合防水施工的要求。
　　3.水膨胀止水条在浇筑底板混凝土前必须采取保护措施。
　　4.防水层可选TU-TJ水泥基渗透结晶型防水涂料或TU-JS聚合物水泥
　　　防水涂料或TU-JF聚合物水泥防水砂浆。

桩头防水

西南18J/C305
页次　**17**

① 施工缝(一)

B≥250
B/2　B/2

迎水面

300

300

后浇FQY
防水混凝土

遇水膨胀止水条

施工缝

先浇FQY
防水混凝土

防水层

附加防水层

② 施工缝(二)

B≥250
B/2　B/2

迎水面

300

300

后浇FQY
防水混凝土

中埋钢板止水带

施工缝

先浇FQY
防水混凝土

防水层

附加防水层

③ 施工缝(三)

B≥250

迎水面

外贴式止水带

300

L≥150 L≥150

300

后浇FQY
防水混凝土

施工缝

先浇FQY
防水混凝土

防水层

附加防水层

④ 施工缝(四)

B≥250
B/2　B/2

迎水面

300

300

后浇FQY
防水混凝土

预埋注浆管
施工缝

先浇FQY
防水混凝土

防水层

附加防水层

注：1.水平施工缝浇筑混凝土前，应将其表面浮
　　浆和杂物清除，然后铺设净浆或涂刷混凝
　　土界面处理剂、水泥基渗透结晶型防水涂
　　料等材料，再铺30~50 mm厚的1∶1水泥
　　砂浆，并应及时浇筑混凝土。垂直施工缝
　　浇筑混凝土前应将其表面清理干净，再涂
　　刷混凝土界面剂或水泥基渗透结晶型防水
　　涂料，并应及时浇筑混凝土。

　　2.B为墙厚，应不小于250 mm，具体尺寸
　　按单体工程设计。

　　3.对环境温度高于50 ℃中埋式止水带应采
　　用金属止水带。

　　4.防水混凝土抗渗等级不低于P6。

　　5.本图节点适用于一、二级防水等级。

　　6.采用中埋式止水带或预埋式注浆管时，应
　　定位准确、固定牢靠。

　　7.防水层可选TU-TJ水泥基渗透结晶型防水涂
　　料或TU-JS聚合物水泥防水涂料或TU-JF聚
　　合物水泥防水砂浆。

施工缝防水

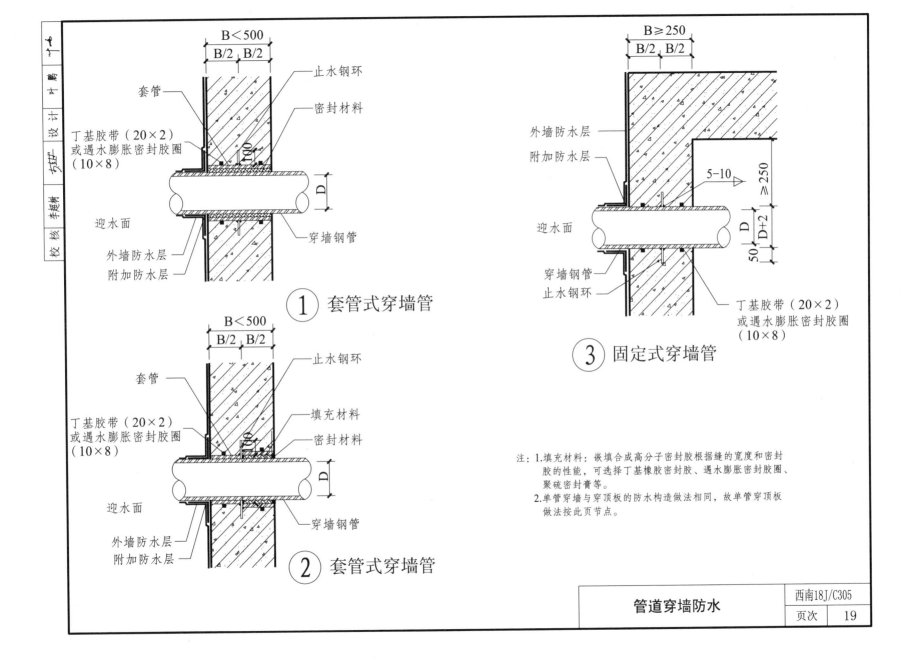

① 套管式穿墙管

② 套管式穿墙管

③ 固定式穿墙管

注：1.填充材料：嵌填合成高分子密封胶根据缝的宽度和密封
胶的性能，可选择丁基橡胶密封胶、遇水膨胀密封胶圈、
聚硫密封膏等。
2.单管穿墙与穿顶板的防水构造做法相同，故单管穿顶板
做法按此页节点。

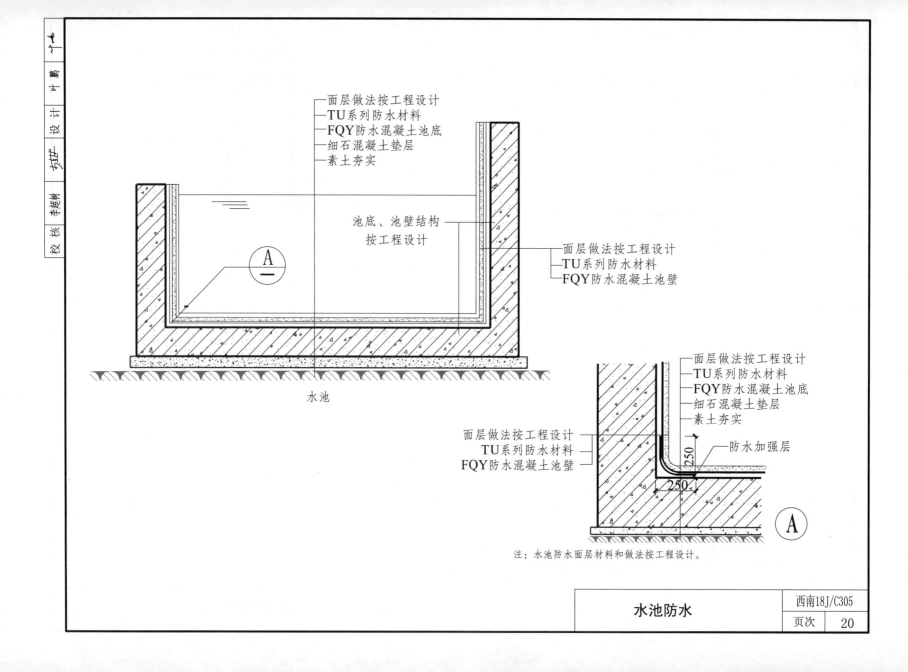

面层做法按工程设计
TU系列防水材料
FQY防水混凝土池底
细石混凝土垫层
素土夯实

池底、池壁结构
按工程设计

面层做法按工程设计
TU系列防水材料
FQY防水混凝土池壁

A

水池

面层做法按工程设计
TU系列防水材料
FQY防水混凝土池底
细石混凝土垫层
素土夯实

面层做法按工程设计
TU系列防水材料
FQY防水混凝土池壁

防水加强层

250

250

A

注：水池防水面层材料和做法按工程设计。

西南18J/C305

水池防水

页次 20

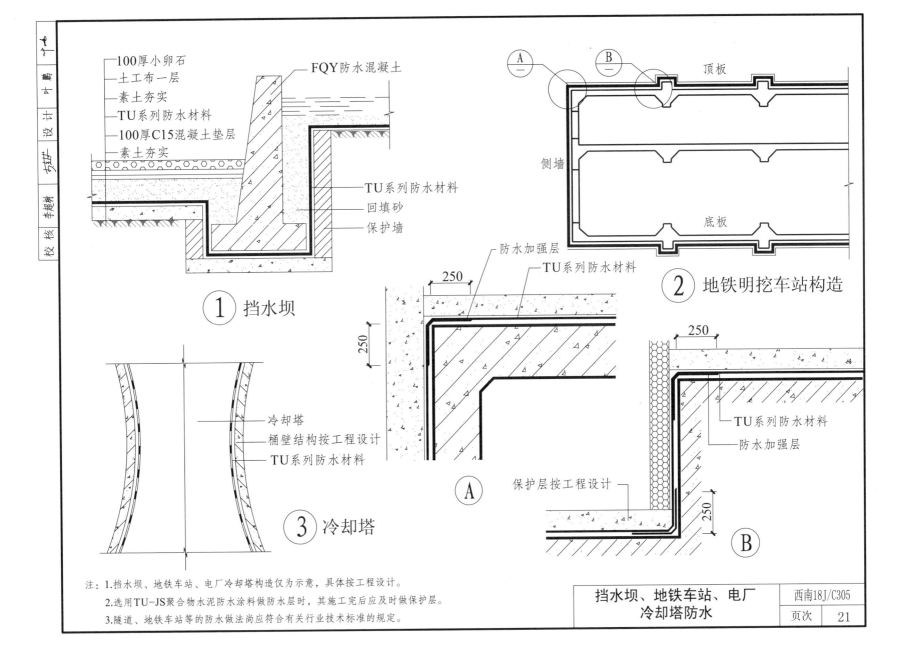

100厚小卵石
土工布一层
素土夯实
TU系列防水材料
100厚C15混凝土垫层
素土夯实

FQY防水混凝土

TU系列防水材料
回填砂
保护墙

① 挡水坝

顶板
侧墙
底板
防水加强层
TU系列防水材料

② 地铁明挖车站构造

冷却塔
桶壁结构按工程设计
TU系列防水材料

③ 冷却塔

250
250
A

250
TU系列防水材料
防水加强层
保护层按工程设计
250
B

注：1.挡水坝、地铁车站、电厂冷却塔构造仅为示意，具体按工程设计。
2.选用TU-JS聚合物水泥防水涂料做防水层时，其施工完后应及时做保护层。
3.隧道、地铁车站等的防水做法尚应符合有关行业技术标准的规定。

挡水坝、地铁车站、电厂
冷却塔防水